生命的旅程

从一粒种子到一棵雏菊

（美）劳拉·珀迪·萨拉斯/文　（美）杰夫·耶什/图　丁克霞/译

北京时代华文书局

图书在版编目（CIP）数据

从一粒种子到一棵雏菊 /（美）劳拉·珀迪·萨拉斯文；（美）杰夫·耶什图；丁克霞译. — 北京：北京时代华文书局，2019.5
（生命的旅程）
书名原文：From Seed to Daisy
ISBN 978-7-5699-2957-7

Ⅰ．①从… Ⅱ．①劳… ②杰… ③丁… Ⅲ．①植物—儿童读物 Ⅳ．① Q94-49

中国版本图书馆 CIP 数据核字 (2019) 第 032534 号

From Seed to Daisy Following the Life cycle
Author: Laura Purdie Salas
Illustrated by Jeff Yesh
Copyright © 2018 Capstone Press All rights reserved. This Chinese edition distributed and published by Beijing Times
Chinese Press 2018 with the permission of Capstone, the owner of all rights to distribute and publish same.
版权登记号 01-2018-6436

生命的旅程　从一粒种子到一棵雏菊
Shengming De Lücheng　Cong Yili Zhongzi Dao Yike Chuju

著　者｜（美）劳拉·珀迪·萨拉斯 / 文；（美）杰夫·耶什 / 图
译　者｜丁克霞

出 版 人｜王训海
策划编辑｜许日春
责任编辑｜许日春　沙嘉蕊　王　佳
装帧设计｜九　野　孙丽莉
责任印制｜刘　银

出版发行｜北京时代华文书局 http://www.bjsdsj.com.cn
　　　　　北京市东城区安定门外大街 138 号皇城国际大厦 A 座 8 楼
　　　　　邮编：100011 电话：010-64267955 64267677
印　　刷｜小森印刷（北京）有限公司　　电话：010 — 80215073
　　　　　（如发现印装质量问题，请与印刷厂联系调换）
开　　本｜787mm×1092mm　1/20　　印　张｜12　字　数｜125 千字
版　　次｜2019 年 6 月第 1 版　　　　印　次｜2019 年 6 月第 1 次印刷
书　　号｜ISBN 978-7-5699-2957-7
定　　价｜138.00 元（全 10 册）

美丽的花朵

　　同动物一样，树和其他植物也有自己的生命周期。在北美，雏菊是一种很常见的植物。雏菊有很多品种，我们先一起来了解一下沙斯塔雏菊的生命周期吧！

为沙斯塔雏菊命名的那个人认为，雏菊白色的花瓣看起来就像覆盖在加利福尼亚沙斯塔山上的雪花一样，所以，就给它起了这个名字。

5

植物的最初

　　开花植物的生命之初是种子，之后逐渐成长为植物。接着，成年的植物再产生种子，生命周而复始。

　　种子就像一个百宝箱。沙斯塔雏菊发芽时所需的一切营养都已包含在种子里。

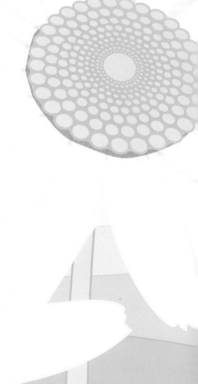

沙斯塔雏菊花朵中央的黄色圆圈是一排排的黄色小花。这些圆环状的花叫作头状花序。当雏菊那黄色的小花枯萎变干的时候，种子在其中开始生长了。

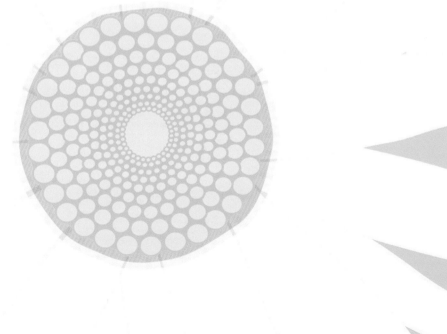

种子的需求

　　种子有一层坚硬的外壳，叫作种皮，它对种子起着保护作用。种子只有在适合的环境中才能茁壮发育。园丁可以协助让大多数种子发芽。他们会确保种子获得合适的光照、水分、土壤和温度。在野外，大自然决定了哪些种子可以萌芽生长。

若在母株附近发芽、生长，种子将不得不和它们的"父母"——亲本植物争夺营养。这些亲本植物会用尽土壤中的绝大部分水分和养分。如果生存空间足够广阔，将对亲本植物和种子都有好处。

幼苗

当环境适合时，沙斯塔雏菊种子的根须就
会开始向地下生长蔓延。接着，茎长出，向上
冲破泥土。茎上有两片小小的嫩叶，叫作子
叶。这株小小的植物就是幼苗。

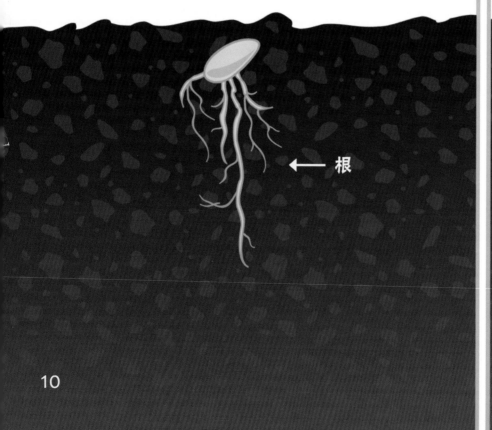

← 根

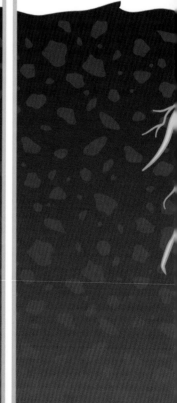

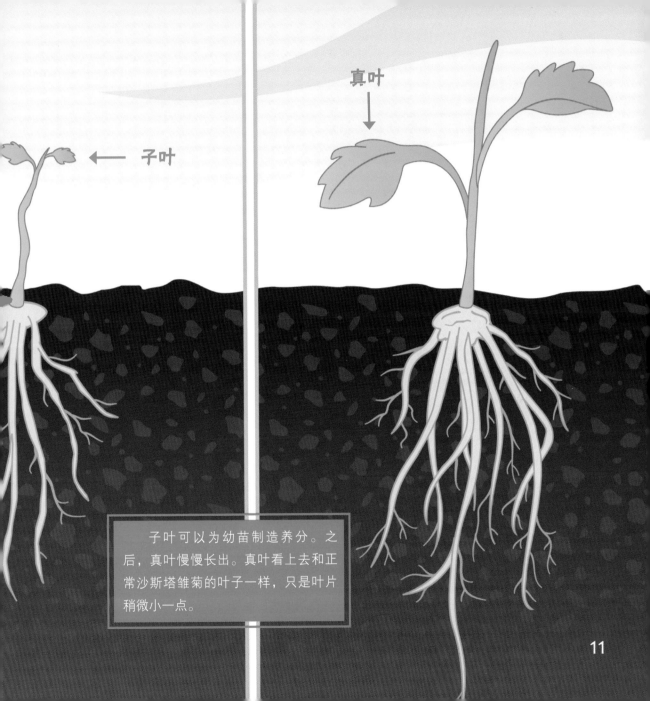

← 子叶

真叶

子叶可以为幼苗制造养分。之后，真叶慢慢长出。真叶看上去和正常沙斯塔雏菊的叶子一样，只是叶片稍微小一点。

11

生长期

　　植物利用从太阳那里获得的能量把二氧化碳和水合成养分，并释放出氧，这个过程叫作光合作用。

　　太阳的能量，以及土壤中的水和养分都可以帮助雏菊生长。一棵成熟的沙斯塔雏菊可以长到61～91厘米高，61厘米宽。

光合作用过程中，植物会把光能转变为化学能，然后把化学能以糖类的形式储存起来。这些糖类就是植物的养分。

13

茎和花

　　一棵沙斯塔雏菊可以长出很多的茎和花。但在第一年，沙斯塔雏菊通常不开花。之后，每年夏天到秋天这段时间，都将是雏菊的花期。冬天时，在寒冷的地区，沙斯塔雏菊不再继续生长。

沙斯塔雏菊是多年生植物，它们可以存活三年或者更长时间。而有些种类的花是一年生的，它们只能活一年。

15

授粉

　　沙斯塔雏菊的一个花朵包含雄性器官——雄蕊，和雌性器官——柱头。雄蕊会产出一种黄色粉末，叫作花粉。花粉对于新生命的诞生来说必不可少。

　　雏菊亮白色的花瓣可以引来诸如蜜蜂、蝴蝶之类的昆虫。它们降落在雏菊小小的黄色的花蕊上，吮吸着甜甜的花蜜。当昆虫们降落在花上时，花粉会粘在它们身上。这样当它们飞到下一朵花上时，就会把花粉也带到这朵花的柱头上。

当花粉从雄蕊传播到柱头的时候，花朵就成功受精了。因为沙斯塔雏菊的花朵既有雄性器官，又有雌性器官，所以，它们既可以自花授粉，也可以异花授粉。

授粉之后

　　每个完成授粉的花朵内部都会长出一颗颗的小种子。随后，花朵慢慢干枯，环绕花朵的白色花瓣凋落于地面。不久，种子也会落到地面上。小鸟和其他动物很喜欢吃这些种子。

18

如果你喜欢沙斯塔雏菊，可以将这些种子收藏起来，来年种下，种子就会长出新的沙斯塔雏菊。

19

种子的旅行

　　雏菊种子会移动到远离母株的地方，这个移动的过程叫作传播。有时，动物会把种子带到其他地方并丢下；有时，它们则会把种子吃掉。种子可以随着动物的排泄物重新回到地面。

　　风和流水也能将种子带走。如果种子落在一个土壤肥沃、阳光充足的好地方，来年春天就会长出一棵新的雏菊。

　　我们应该把沙斯塔雏菊种在光照充足的地方。但同时，如果水分不够，它们也会逐渐枯萎。所以在干旱的夏季，我们还要为雏菊浇水。

沙斯塔雏菊的生命周期

1. 发芽期 9~10天

2. 幼苗期 6~8周

3. 成熟植物期 2~3月

4. 植物成熟至开花期 至少2年

有趣的冷知识

★冬天时，沙斯塔雏菊看起来就像死了一样。但是，它们的茎和根仍然是活的。来年夏天，雏菊会重新开花。

★在所有的环境条件都合适之前，很多种子会处于不活跃期。这也是为什么种子能秋天播种，来年春天才发芽的原因。

★沙斯塔雏菊有很多种，包括阿拉斯加、雪帽和白银公主。

★虽然沙斯塔雏菊只需很少的水就能存活，但是，在特别干旱的季节你仍然需要为它们浇水。

盛放的沙斯塔雏菊